启智工作室　编

城市生活垃圾处理问与答

CHENGSHI SHENGHUO LAJI CHULI WEN YU DA

中国环境出版集团 · 北京

图书在版编目（CIP）数据

城市生活垃圾处理问与答 / 启智工作室编．— 北京：中国环境出版集团，2017.4（2022.6 重印）

ISBN 978-7-5111-3103-4

Ⅰ．①城… Ⅱ．①启… Ⅲ．①城市—垃圾处理—问题解答 Ⅳ．① X799.305-44

中国版本图书馆 CIP 数据核字（2017）第 051959 号

出 版 人 武德凯
责任编辑 宾银平
装帧设计 岳 帅
出版发行 中国环境出版集团

（100062 北京市东城区广渠门内大街16号）
网 址：http://www.cesp.com.cn
电子邮箱：bjgl@cesp.com.cn
联系电话：010-67112765（编辑管理部）
010-67113412（第二分社）
发行热线：010-67125803，010-67113405（传真）

印 刷 北京中科印刷有限公司
经 销 各地新华书店
版 次 2017年4月第1版
印 次 2022年6月第4次印刷
开 本 787×1092 1/32
印 张 1
字 数 30千字
定 价 3.00元

目录

1. 什么是生活垃圾？

生活垃圾是指在日常生活中或者为日常生活提供服务的活动中产生的废弃物，以及法律、行政法规规定视为生活垃圾的废弃物。生活垃圾一般可分为可回收垃圾、厨余垃圾、有毒有害垃圾和其他垃圾等，其中厨余垃圾、有毒有害垃圾和其他垃圾属于不可回收垃圾。

（1）可回收垃圾。可回收的生活垃圾主要包括废纸、塑胶、玻璃、金属和织物五大类，经过综合处理回收利用，可以减少污染，节省资源。

（2）厨余垃圾。厨余垃圾是指居民日常生活及食品加工、饮食服务、单位供餐等活动中产生的垃圾，包括丢弃不用的菜叶、剩菜、剩饭、果皮、蛋壳、茶渣、骨头等，其主要来源为家庭厨房、餐厅、饭店、食堂、市场及其他与食品加工有关的行业。餐厨垃圾含有极高的水分和有机物，很容易腐坏，产生恶臭。经过妥善处理和加工，可转化为新的资源。

（3）有毒有害垃圾。有毒有害垃圾是指含有对人体健康或自然环境造成直接或潜在危害物质的废弃物，一般具有毒性、易燃性、腐蚀性、反应性等特性。包括以下几类：含有重金属的镍镉/镍氢和铅充电电池，未采用无汞工艺的干电池，含汞的废荧光灯管，各种过期药品，杀虫剂，含有挥发性有毒/可燃物质的有机液体制剂（油漆、用于干洗和电子器件清洗的有机清洗剂、稀释剂），强酸、强碱（如含有盐酸的洁厕灵），各种不稳定且遇火、遇水、撞击、加热后易发生爆炸或产生有毒气体的物质。

2. 什么是生活垃圾处理？

生活垃圾处理是指日常生活或者为日常生活提供服务的活动所产生的废弃物以及法律法规所规定的视为生活垃圾的废弃物的处理，包括生活垃圾的源头减量、清扫、分类收集、储存、运输、填埋、焚烧、堆肥及相关管理活动。

3. 每天你扔多少生活垃圾？

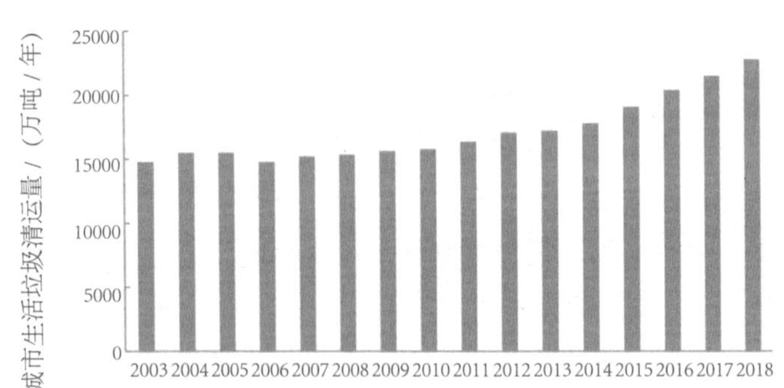

2013—2018 年我国城市生活垃圾清运量

根据历年《中国统计年鉴》，2003 年，我国城市生活垃圾清运量约为 14 857 万吨，到 2018 年，则增长到 22 802 万吨，2018 年我国城镇居民平均每人每天产生约 0.75 千克生活垃圾。

4. 生活垃圾对环境有什么影响?

（1）生活垃圾对地表水的影响。生活垃圾中含有大量病原微生物，在堆放腐败过程中也会产生大量的酸性、碱性有机污染物，并会溶出垃圾中含有的重金属，包括汞、铅、镉等，形成有机物、重金属和病原微生物三位一体的污染源。随意堆放的垃圾或简易填埋的垃圾，其所含水分和淋入垃圾中的雨水产生的渗滤液会流入周围地表水体，造成水体污染。

（2）生活垃圾对地下水的影响。目前，国内大多数城市的垃圾仍采用堆放和填埋的方法进行处理，由于许多垃圾填埋场未采取很好的防渗措施，污染物不可避免地会对地下水产生污染。填埋场的垃圾由于发酵、分解会产生渗滤液，对地下水造成污染，主要表现为使地下水水质混浊，有臭味，COD、氨氮、硝酸氮、亚硝酸氮含量高，油、酚污染严重，大肠菌群超标等。

（3）生活垃圾对大气的影响。生活垃圾长时间堆放，会造成垃圾腐烂霉变，释放出大量有害气体，粉尘和细小颗粒物随风飞扬，危害周围大气环境。生活垃圾随意焚烧，会造成大量有害成分挥发，未燃尽的细小颗粒进入大气，还会产生二噁英、酚类等有害物质。即使是生活垃圾卫生填埋场也会产生大量的填埋气，填埋气的主要成分为甲烷（CH_4）和二氧化碳（CO_2），具有很强的温室效应，还含有微量的硫化氢（H_2S）、氨气（NH_3）、硫醇和某些微量有机物等有毒气体，填埋气若得不到有效收集，还会引起火灾，发生爆炸事故等。

（4）生活垃圾对土壤的影响。堆放的生活垃圾，不仅侵占大量农田，而且大量塑料袋、废金属等有毒物质直接填埋或遗留土壤中，难以降解，严重腐蚀土地，污染土壤，危害农业生态。

（5）生活垃圾对自然景观的影响。生活垃圾的露天堆放和填埋，要占用大量的土地资源。许多城市无力消纳，设在城郊的生活垃圾堆一般具有不良外观，容易滋生蚊蝇、蛆虫和老鼠，散发恶臭，危害人体健康并且影响市容，有碍景观。由于垃圾乱丢乱弃，水面上漂着的塑料瓶和饭盒，树上挂着的塑料袋、卫生纸更是严重影响了自然景观的观瞻。

5. 生活垃圾对人体健康有什么影响？

生活垃圾主要通过土壤污染、大气污染、地表和地下水的污染影响人体健康。生活垃圾若不能及时从市区清运或简单堆放在市郊，往往会造成垃圾遍布、污水横流、蚊蝇滋生、散发臭味，还会成为各种病原微生物的滋生地和繁殖场，

影响周围环境卫生，危害人体健康。比如垃圾对地下水的污

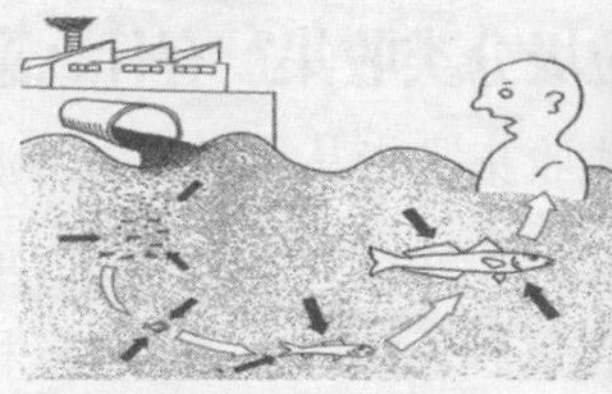

染会导致地下水污染物含量超标，引发腹泻、血吸虫、沙眼等疾病。贵阳市曾发生过痢疾流行，就是地下水被垃圾渗滤液污染，病原微生物严重超标引起的。

6. 生活垃圾是如何清运处置的?

生活垃圾的清运处置共分三个阶段：

（1）垃圾系统收集：城市生活垃圾产生后，通过布置在各处的收集容器进行收集，一般采用居民投放收集和上门收集等方式，收集容器有垃圾箱、垃圾收集站、垃圾收集管道、收集车等。

（2）垃圾的运输：村镇和社区的垃圾运输，目前多数采用人工收集车和部分小型环保专用收集车，运输至社区小型垃圾中转站；收集到小型中转站的垃圾，每天由专用垃圾运输车运至大型垃圾压缩中转站，经过压缩设备压缩去除一定水分后，由专用密闭型垃圾运输车运输至垃圾处理终端地点。

（3）垃圾的处理处置：垃圾最终的末端处理，一般有垃圾焚烧发电、生物处理、卫生填埋等方式。

7. 什么是生活垃圾分类收集？有什么意义？

生活垃圾分类收集是指从垃圾产生的源头开始，将生活垃圾按不同处理与处置手段的要求分成若干个种类进行收集，分类收集后采取适宜方式将各种不同类的生活垃圾进行回收或处置，以达到减少生活垃圾最终处置量、实现部分有价值物质的回收利用、避免生活垃圾混合收集造成环境污染的目的。推广生活垃圾分类收集能减少环境污染、减少资源消耗、减少垃圾处置量、美化生活环境，是社会可持续发展和资源合理利用的必由之路，也是城市环境建设和管理工作的重要内容。

8. 为什么要进行生活垃圾源头分类？

生活垃圾中可回收的再生材料种类繁多，主要包括塑料、金属、纸类、玻璃等。通过对生活垃圾可再生材料进行加工处理，可使之成为新的产品或原材料。从生活垃圾中回收再生物质对废物性质要求较高，混合废物的再生利用价值很低，产品市场非常小。例如：未经分类的混合垃圾堆肥化产品，往往品质较差，价格和销路都不是很好；从未经分类的混合垃圾回收有用物质，往往需要分选分离、清洗等过程后才能进行再生利用，无疑增加了回收利用的成本。因此，对生活垃圾再生的关键是分类，通过生活垃圾源头分类可以降低生活垃圾资源化的难度和成本，提高资源化产品的质量和再生利用的经济价值。

9. 生活垃圾分类的原则是什么?

生活垃圾分类的基本原则是按照性质将生活垃圾分类，并选择适宜且有针对性的方法对各类垃圾进行处理、处置或回收利用，以实现较好的综合效益。这个综合效益包括污染的控制、土地和能源等资源的消耗、回收物质和能源所实现的经济效益等方面。具体的分类原则主要包括：可回收物与不可回收物分开；可燃物与不可燃物分开；干垃圾与湿垃圾分开；有毒有害物质与一般物质分开。具体的分类方法要根据当地的生活垃圾处理设施条件进行选择。

10. 在生活垃圾分类中，“可回收”是如何定义的？如何最大限度地实现资源回收?

“可回收”并不是理论上的可以回收，也不是当前科学技术能力可实现的回收，而是经济上可行、能获得利润的“可回收”。如果回收产品没有销路，意味着回收产品无法满足消费者的要求，最终还是变成了“没人要”的垃圾；如果得不到利润，说明为了将这些废弃物变成资源，消耗了更多的其他资源，那么分类收集回收则没有意义。

我国绝大部分的城市已经做到将工业垃圾、建筑垃圾与一般生活垃圾分类收集，前两者得到较好的回收和处置，而一般生活垃圾组分复杂，还需要进一步分类分选。当前垃圾机械分选技术的水平尚无法做到完全彻底地将混合垃圾分选成各类可回收垃圾，精细的人工分选是目前必然要使用的手段。如果在产生源头处实现分类收集，便可大大降低机械分选设备要求和人工分选的工作量及垃圾的回收成本。为实现更大程度的回收，还需要开发新的回收生产技术，建立和扶持一批符合市场需求和当地社会需要的回收工厂。

总之，要实现最大限度的回收利用，就是要建立一个完整而有效的分类垃圾物流系统，实现每一类可回收垃圾最终进入工厂并生产出满足市场需求的商品。

11. 为什么要进行生活垃圾的可燃和不可燃分类?

包含可燃垃圾的垃圾分类方案出现在以垃圾焚烧为主要处理方式的国家和地区。这里的“可燃”并不是指随意地可以进行焚烧，而是指可以使用现代化的大型焚烧设备进行燃烧处理，产生的尾气、飞灰、灰渣能得到妥善的净化和处置。这种分类的主要目的是保证垃圾焚烧设施的稳定高效运行，同时兼顾垃圾中较容易回收成分的回收，最大限度地减少垃圾的填埋处置量，节约土地资源。典型的可燃垃圾有：各种废弃木制品、被污染却干燥的纸类、脱水后的厨余垃圾、用于煎炸食品的食用油、各种不易回收利用的塑料制品和部件等。

12. 为什么要进行生活垃圾的干湿分类?

“干湿分类”是针对我国居民生活垃圾中厨余和果皮类垃圾比例较高，水分含量高，不利于垃圾回收和最终处置的国情提出的一种简单实用的垃圾分类方式。“干湿分类”是将居民的一般生活垃圾分为湿垃圾（主要为厨余垃圾）和干垃圾（其他垃圾）。湿垃圾收集后可利用微生物进行堆肥、厌氧消化处理或制备生物燃料，而干垃圾收集后由工作人员从中挑出可利用的物质，剩下的垃圾进行填埋或焚烧处置。干湿分类只是我国推广垃圾分类的一个初步阶段，在这一阶段不仅仅是提高垃圾的处理回收效果，更重要的是普及垃圾分类知识，培养垃圾分类意识。

13. 为什么厨余垃圾应当单独收集处理?

厨余垃圾含有大量有机物，易腐败发臭，是垃圾清运和处置过程中各种可能发生环境问题的重要原因。厨余垃圾非法收集和回收利用会对环境和居民健康产生威胁。对厨余垃圾单独收集，可以减少进入填埋场的有机物的量，减少臭气和垃圾渗滤液的产生，也可以避免水分过多对垃圾焚烧处理造成的不利影响，降低了对设备的腐蚀。

同时，厨余垃圾具有较大的资源价值，高有机物含量的特点使其经过严格处理后可作为肥料、饲料，也可产生沼气用作燃料或发电，油脂部分则可用于制备生物燃料。

厨余垃圾应当提供给专业化处理单位进行处理，严禁将废弃食用油脂(包括地沟油)加工后作为食用油使用，严禁直接使用厨余垃圾饲养畜禽及鱼类，严禁用未经无害化处理的厨余垃圾生产肥料。

小贴士 廖晓义是知名民间环保事业倡导者和活动家，北京地球村环境文化中心创办人兼主任。她是我国第一位获得有“诺贝尔环境奖”之称的“苏菲环境大奖”的民间环保人士。她主持的第一个垃圾分类项目在北京市西城区大乘巷展开。她将居民日常生活所产生的垃圾分为三类：可回收垃圾、厨余垃圾和其他垃圾。在她的帮助下，大乘巷居委会建立了北京第一个垃圾分类试点，贴着不同标签的3个红色塑料桶醒目地矗立在大乘巷口，居民学习着把日常垃圾分为三类投放，分类后的垃圾由居委会联系的小贩和企业分门别类地清运。

14. 生活垃圾源头削减有哪些主要措施?

源头削减是垃圾减量化的根本之道，在产品的生产—消费—废弃全过程均可以采取必要措施实现生活垃圾源头削减：

(1) 在产品制造阶段，从产品设计、材料使用、包装等方面均可以采取预防措施，从产品生产出来时便将其可能产生的垃圾量降至最低。对于生产企业而言，可以从产品设计阶段就考虑产品废弃后有用材料回收利用的问题，通过延长产品的使用寿命，使用环境友好的材料生产产品，并采用“绿色包装”等方式实现生活垃圾的源头削减。

（2）在产品使用阶段，消费者可以通过减少使用一次性用品和品质低、使用寿命短的产品来达到源头削减生活垃圾产生量的目的。

（3）在产品废弃阶段，消费者一方面可以通过旧物的捐赠、交换等形式实现旧物再利用，另一方面可以通过源头分类在减少生活垃圾的清运量和最终处置量的同时，使得生活垃圾中的有用物质便于回收。

15. 生产者延伸责任对生活垃圾减量化有什么影响？

生产者延伸责任（EPR）指生产者应承担的责任，不仅在产品的生产过程之中，而且还要延伸到产品的整个生命周期，特别是废弃后的回收和处置。生产者延伸责任制度是从产品生产环节促进生活垃圾减量化的重要管理措施制度。生产者延伸责任制度的实施可以促使产品生产者在产品生产和设计环节采取有利于废物再生利用和减少废物产生量的措施，促进生活垃圾的源头减量。

生产者延伸责任包括以下内涵：

（1）产品的生产者对产品的设计、原料的使用具有控制权，因此包装废物回收、再生及处置应由生产者负责。生产者必须对产品的设计和原料的选择重新考虑，使其便于回收利用，降低环境影响。并在废物回收体系建设和再生利用技术开发等方面起主要作用。

（2）销售者可作为回收体系的重要环节，承担选择、回收和储存废物及收取费用、退还押金等责任。

（3）消费者作为垃圾的产生者，承担把废旧产品交给逆向回收点或指定地点的责任，并分担回收处理费用。

（4）政府作为 EPR 制度的制定者和推动者，其责任是制定 EPR 法律制度及相关参数，对 EPR 进行政策支持和监督等。

生产者延伸责任（EPR）制度一般作为市场化回收再生体系的补充，适用于环境影响较大、产量增长迅速、缺乏回收再生商业潜力的废弃产品，如电子产品、包装物等。包装废物产生量大，回收成本高，国外 EPR 立法中往往把包装废物作为首先实施的对象。

16. 什么是一次性用品的适度使用和回收？

一次性用品是伴随快节奏的现代社会生活而产生的只能使用一次的各类生活用品等。一次性用品范围很广，比如一次性饭盒、一次性筷子、一次性鞋套等，另外大部分的商品包装和一次性购物袋也属于一次性用品。一次性用品中，塑料制品占绝大多数。一次性用品不仅消耗大量的自然资源，而且导致生活垃圾产生量的增大。通过加大宣传力度，培养广大市民的环境意识，适度抑制一次性消费习惯，同时鼓励一次性用品尽量使用可回收、易降解材料，促进一次性用品的回收可降低生活垃圾的产生量。

17. 为什么要进行包装废物的减量化?

如果翻看一下我们家里的垃圾箱，可以发现我们产生的生活垃圾主要由两大类组成，即餐厨废物（或食品废物）和包装废物（包括各类饮料瓶、包装箱、塑料袋等）。包装废弃物污染在城市生活垃圾污染中占有较大的份额。有关资料统计显示，包装废物的产生量约占城市生活垃圾重量的1/3、体积的1/2。包装废物的减量化对生活垃圾减量化具有重要的贡献。

18. 包装废物减量化的措施有哪些?

包装废物源头减量的主要措施有实施绿色包装和限制过度包装。

绿色包装指对生态环境和人类健康无害，能重复使用和再生，符合可持续发展的包装。其不仅代表适度包装，更深层的含义是利用有利于回收、易降解的原材料，降低处理产品的难度，减少处理费用。

鼓励使用可循环再生、回收利用的包装材料；合理简化包装结构及功能，尽量避免包装层数过多、孔隙过大、成本过高的包装。

1977年以来，美国2升软饮料的包装瓶的重量从68 克减少到现在的51克。这一举措使得美国每年的塑料垃圾减少量达1.14亿千克。

19. 厨余垃圾减量化的主要措施是什么?

厨余垃圾减量化的主要措施是净菜上市。狭义上的净菜上市主要指进入市场销售的蔬菜在产地经分拣、除泥、除烂叶、除须、清洗以及整理包装等加工操作制成的产品在城市市场销售，禁止销售未经处理的毛菜。广义上的净菜上市，还包括对蔬菜品质、包装、标识等方面的要求。

净菜上市主要包括以下管理环节:

（1）源头管理：从田间地头，即生产源头抓起，对蔬菜种植农户做好宣传教育、培训引导工作，使采收的蔬菜按蔬菜净菜标准进入市场销售。

（2）销售环节：建设相对集中的蔬菜一级交易市场，严格要求经销商按净菜标准采购运输销售蔬菜。

（3）消费环节：在生活中提倡适量点餐，不剩餐，剩餐打包，既符合中华民族勤俭节约的优良传统，也可以大幅度地减少厨余垃圾的产生。

小贴士 据调查，每上市销售100千克蔬菜毛菜产生5～10千克蔬菜垃圾，未经初加工的毛菜上市会导致城市大量蔬菜垃圾的产生。因此，净菜上市可大幅度减少城市垃圾，尤其是厨余垃圾的产生量，降低垃圾运输成本，同时减少高水分含量蔬菜垃圾进入城市垃圾处理系统。此外，净菜上市可使大量无法食用的蔬菜垃圾在产地直接回田循环利用，有利于保持土壤肥力。

20. 如何从生活垃圾中回收能源？

所有的有机物在分解过程中都会有热量产生，生活垃圾中含有大量有机物，可以根据生活垃圾组成的不同，采用不同的方式实现生活垃圾能量再生。生活垃圾的焚烧、厌氧发酵产沼气以及厌氧型填埋场填埋气回收利用都是生活垃圾能量回收的方式。

沼气发电厂

焚烧是目前最主要的生活垃圾的能量回收方式，一般适用于含水率较低的生活垃圾。因此焚烧处理也需要对生活垃圾进行分类预处理。与从生活垃圾中回收有用物质不同，通过焚烧实现废物的能量再生对废物的性质要求相对较低，对垃圾分选技术要求较低，即使分离得不够干净或含有一些不可燃杂质成分也不会造成太大的影响。因此，通过焚烧等方式回收生活垃圾中的能量，是生活垃圾资源再生的一种有效方式。

21. 旧物再利用对生活垃圾减量化有什么贡献?

旧织物、家具、日常用品、玩具、包装等通过清洗、改造,以及通过捐赠、交换的形式延长其使用寿命或改变其原有用途,可以减少垃圾的产生量。比如,我们将废旧的布条制作成手包,将用过的包装盒用来盛装一些小的物品等。政府或非政府组织可以通过宣传、建立旧物交易市场或旧物交易信息平台等方式促进旧物再利用。

22. 低碳生活与生活垃圾减量化有什么关系?

生活垃圾减量化会有效地减少碳排放,而减少生活垃圾的产生也是我们低碳生活的重要组成部分。低碳生活可以从垃圾减量化做起:改变我们大吃大喝、食不厌精的习惯,既可以有益于我们的身体,减少肥胖和“三高”的发生,又可以减少剩饭、剩菜以及食物残渣的产生,垃圾中污染物质的产生量也就相应减少;少使用甚至不使用一次性塑料包装袋,不但可以有效地减少垃圾中塑

料的含量，还可以唤起我们对过去简朴生活的美好回忆；不去购买过度包装的商品，特别是不为面子、身份购买用包装体现奢华生活的奢侈品，尽量过俭朴的生活，我们的生活质量并不会由此而降低，但生活垃圾中的包装废物却会由此而减少。

23. 为什么垃圾收费是促进生活垃圾减量化的主要措施？

生活垃圾处理实际上是居民生活服务的一种形式，因此生活垃圾处理的费用也就是居民获得服务所应支付的费用。从另外一个角度看，环境保护的基本原则之一是“污染者治理”，今天这一原则往往表述为“污染者付费”，生活垃圾污染的初始产生源——生活垃圾产生者应承担垃圾处理费用。长期以来，生活垃圾的处理费用都是由政府财政支出，这种方式不能直接体现“产生者付费”的原则，同时也不能对减少生活垃圾的产生发挥有效的作用，不利于生活垃圾减量化。通过用户收费、产品收费、填埋税等收费政策促进垃圾产生者以及商品生产从源头上减少生活垃圾的产生量，是国外生活垃圾减量化的重要管理政策之一。

在我国，由于生活垃圾产生量计量困难、征收成本较高，目前很少采用按生活垃圾产生量征收生活垃圾处理费，大多采用定额制，即以户或人数为计量依据征收固定额度的垃圾处理费。目前各地区对居民征收生活垃圾处理费的方式主要有两种：一种是将垃圾处理费附征于水、电、燃气等公用事业收费，按照居民消耗的水、电或燃气数量作为计算依据征收生活垃圾处理费；另一种是通过居民自治组织或者物业管理机构直接向公众收取垃圾处理费。

24. 为什么需要生活垃圾填埋场?

对于未能进行回收利用以及焚烧处理的生活垃圾需要填埋处理。传统的填埋处理也称简易填埋，只是对垃圾进行土壤覆盖，对解决蚊蝇等卫生问题起到了一定的积极作用，但不能从根本上解决污染问题。为了防止垃圾填埋对环境造成污染，需要采用卫生填埋处理。由于垃圾填埋需要持续占地，还留下潜在的污染隐患，因此减少垃圾填埋量成为各国努力的方向。

25. 生活垃圾简易填埋有什么危害?

生活垃圾简易填埋不仅占用土地，而且各类难以降解的化学物质还会对土壤造成污染；生活垃圾腐烂形成渗滤液会给地表水和地下水带来污染；生活垃圾腐败产生恶臭和填埋气体会带来空气污染。此外，由于垃圾引起的环境卫生问题如病菌、病毒的传播等也给居民健康造成威胁。生活垃圾简易填埋的污染表现是一个长期的、缓慢的累积过程。生活垃圾通常没有显著的毒性和危害性，环境又有一定的污染承受和自净能力，因此生活垃圾简易填埋污染通常不会是急性的。但生活垃圾的污染是一种累积效应，随着生活垃圾的降解和进一步的累积，各种各样的污染问题最终都会显现出来。

26. 什么是卫生填埋？

生活垃圾卫生填埋要求对填埋场场地进行工程化防渗，有完善的垃圾渗滤液收集处理系统，填埋气体得到有效收集和利用，生活垃圾填埋日常运行管理规范，对周围环境的影响得到有效控制。填埋场按垃圾堆体与空气的接触程度，可分为厌氧填埋、准好氧填埋和好氧填埋。保持垃圾填埋堆体处于厌氧状态的填埋称厌氧填埋，目前，我国的卫生填埋场基本上采用厌氧填埋。

卫生填埋场要满足规划选址标准、工程建设标准、工艺技术标准、操作运行标准和环境污染控制标准。

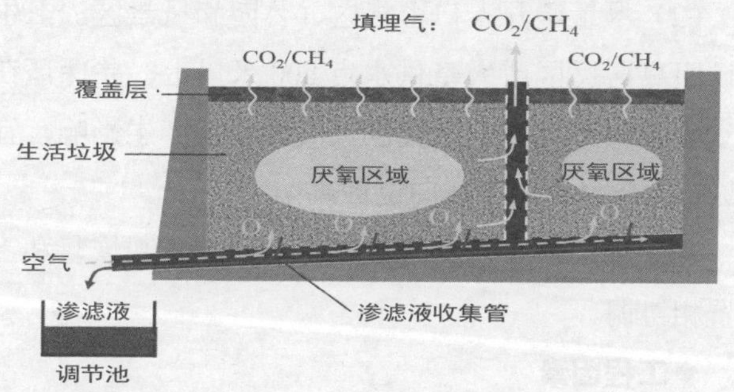

27. 生活垃圾卫生填埋场选址主要考虑哪些因素？

生活垃圾卫生填埋场的选址主要从社会、环境、工程和经济等方面因素来考虑。

◆**社会因素**

（1）要同时满足国家和地方的所有法规和标准，如《环境保护法》《固体废物污染环境防治法》《城市生活垃圾处理及污染防治技术政策》《生活垃圾卫生填埋处理工程项目建设标准》等。

（2）要征得地方政府和公众的同意，可通过环境影响评价制度中的社会调查程序以及项目建设听证会形式听取地方政府和公众的意见。

（3）要避开物种保护区、自然保护区、风景名胜、古迹、研究考察区、军事和保密区等。

◆**环境因素**

（1）避开洪泛区、航道、饮用水水源，填埋场底部高于地下水水位，卫生填埋场距离河流和湖泊宜在50米以上。

（2）尽量避开人口密集区、公园和风景区，卫生填埋场距离居民区或人畜供水点500米以上，并保证在当地气象条件下对附近居民区大气环境不产生影响，宜选取城市常年风向的下风向位置。

（3）要与城市总体规划、封场后的景观恢复和土地处置相协调。

◆**工程因素**

（1）保证容积足够，卫生填埋场使用年限10年以上，特殊情况下不小于8年。

（2）地质条件良好，避开地震区、海浪影响区、湿地和低洼地、山洪区等危及安全的区域。

（3）确保取土和弃土地点，减少施工中的运输量。

◆**经济因素**

在符合有关法规和保证环境安全的前提下，靠近垃圾产生源，减少等运输、施工、运行和征地费用。

28. 什么是焚烧处理？

焚烧处理是利用高温氧化作用处理生活垃圾，即将生活垃圾在高温下燃烧，使生活垃圾中的可燃废物转变为二氧化碳和水等，焚烧后的灰、渣为生活垃圾原体积的 20% 以下，从而大大减少了固体废物量，还可以消灭各种病原体。

29. 什么是热值？生活垃圾能燃烧吗？能燃烧彻底吗？

单位质量（或体积）的燃料完全燃烧时所放出的热量，即 1 千克（或 1 立方米）某种固体（气体）燃料完全燃烧放出的热量称为该燃料的热值。

随着我国国民经济的不断发展，人民生活水平的不断提高，日常生活垃圾的热值不断提高。目前生活垃圾的热值水平相当于普通煤炭的1/4，热值在4 200千焦/千克左右，稳定燃烧过程中可以完全不需要添加煤、油或天然气等辅助燃料而熊熊燃烧，现在国内的机械炉排炉比较成熟，均能彻底焚烧生活垃圾，且焚烧后的残渣是一种密实的、不腐败的无菌物质。

30. 焚烧处理有什么好处？1吨生活垃圾能发多少电？能减少多少二氧化碳的排放？

垃圾焚烧处理具有“减量化、资源化、无害化”的优点，而且焚烧处理设施占地较少，垃圾稳定化迅速，减量效果明显，生活垃圾臭味控制相对容易，焚烧余热可以利用，在安全无害高效处理生活垃圾的同时，还能利用其焚烧所产生的余热进行发电（供热），符合循环经济的要求，是国内外普遍推崇的生活垃圾处理技术。

利用生活垃圾焚烧产生的余热发电，每年可向电网供电，实现废物资源化，并节省不可再生资源——煤、天然气或燃油，减少了二氧化碳的排放。据估算，国内炉排炉生活垃圾焚烧发电厂上网电量为250～350千瓦·时/吨，每吨生活垃圾焚烧发电可节约标煤81～114千克、减排202～283千克二氧化碳。

31. 什么样的城市适合选择垃圾焚烧处理方式?

随着我国城市化进程的加快和人民生活水平的提高，城市规模越来越大、城市人口越来越多，从而使得城市生活垃圾产量不断增加，城市垃圾围城危机日益严重。填埋、堆肥处理已经不能完全满足需求，况且堆肥对土壤的负影响较大，大部分垃圾填埋场也已处在即将填满而要重新选择填埋场地的情况，由于土地紧缺和环境的要求，在不同的城市根据实际情况发展垃圾焚烧发电（供热）技术，对垃圾进行无害化处理就显得更加迫切。根据经济发展的需要和实际情况，GDP 不高的地区偏向于继续采用填埋的方式，但前提是要有足够的土地作为填埋垃圾之用。在比较发达的地区和城市，随着城市人口的不断增加，适合采用焚烧处理方式，因为可以节省土地资源，进行无害化处理。

32. 焚烧热能如何利用?

生活垃圾中存在大量的可燃物，利用生活垃圾代替煤作为燃料，在焚烧炉内进行燃烧、发出热量并产生蒸气，既可以发电，也可以热电联产或直接供热。对生活垃圾采用焚烧发电（供热）的方式，不但处理了生活垃圾，而且节约了不可再生资源——煤或燃油的使用量，同时弥补了我国电力的不足。

33. 垃圾焚烧的烟气中为什么会有二噁英?

生活垃圾焚烧过程中，二噁英的生成途径包括以下几个方面：

（1）生活垃圾中本身含有微量的二噁英，由于二噁英具有热稳定性，尽管大部分经高温燃烧得以分解，但仍会有一部分燃烧后随烟气排出。

（2）燃烧过程中由含氯前体物生成二噁英，前体物包括聚氯乙烯（是经常使用的一种塑料）、五氯苯酚（是纺织品、皮革制品、木材、织造浆料和印花色浆中普遍采用的一种防霉防腐剂）等，燃烧中前体物分子通过重排、自由基缩合、脱氯或其他分子反应等过程生成二噁英，这部分二噁英大部分经高温燃烧被分解。

（3）当燃烧不充分时，烟气中产生过多的未燃尽物质，在 300 ～ 500℃环境下，经高温燃烧已分解的二噁英遇到适量的触媒物质（主要为重金属，特别是铜）将重新生成。

34. 垃圾焚烧中二噁英的生成可以控制吗?

尽管焚烧可能产生二噁英，但只要控制燃烧的条件，比如让烟气在炉子里停留的时间长一些就可以大幅度减少二噁英的产生。

（1）选用符合国家标准《生活垃圾焚烧污染控制标准》（GB 18485-2014）的焚烧炉，控制燃烧温度，确保烟气在燃烧室内温度达到 850℃以上的区域停留时间不小于 2

秒，使二次燃烧的气体形成旋流，使燃烧更完全、更充分，从而使二噁英充分分解。研究表明，二噁英的生成和一氧化碳浓度有很大关系。运行中调节一、二次风量和配比，并通过二次风来加强扰动，使垃圾燃烧更加充分，即可控制烟气中一氧化碳的含量及二噁英的生成量。

（2）当烟气温度降到 300 ～ 500℃范围时，少量已经分解的二噁英将重新生成。因此，设计考虑尽量减小余热锅炉尾部的截面积，使烟气流速提高，以减少烟气从高温到低温过程的停留时间，从而减少二噁英的再生成。

因此，垃圾焚烧处理过程中的二噁英是可以控制在安全范围内的。

35. 什么是生物处理？

生物处理是利用自然界中的生物，主要是微生物，将固体废物中的可降解有机物转化为稳定的产物、能源和其他有用物质的一种处理技术，实现生活垃圾的减量化、无害化、资源化。主要的生物处理技术包括好氧技术和厌氧技术。好氧技术以堆肥为代表，最终获得有机肥料；厌氧技术主要获得沼气等高热值产品，用来发电或者替代天然气、燃油使用。

36. 哪些垃圾适合生物处理?

生物处理主要用于处理有机垃圾，也称生物质废物，主要包括厨余垃圾（剩饭剩菜、果皮、鱼刺等）、动植物残体（动物尸体、树皮、木屑、农作物秸秆）、动物粪便等。其他垃圾则不适合生物处理，如纸制品（报纸、纸箱）、塑料制品、玻璃、金属、皮革、橡胶、衣物等，还有家庭清扫垃圾、油、涂料等也不适于生物处理。总之，能用于生物处理的垃圾要“易腐烂”。

37. 生物处理有什么好处?

生物处理利用垃圾的高含水率，处理后实现了生活垃圾的减量化；厌氧技术中沼气的产生，实现了生活垃圾的能源化；好氧堆肥技术的产品以及厌氧技术的沼渣可作为肥料用于土地利用，实现了土地还原。

小贴士 环保酵素（也称为垃圾酵素）是混合了糖和水的鲜垃圾（主要指蔬菜叶、水果皮等）经发酵后产生的棕色液体。环保酵素不但制作过程简单、制作材料随手可得、用途广泛而且可减少厨余垃圾量，对环保起着很大的作用。其用途有：可作为天然清洁剂、空气净化剂、洗衣剂、沐浴液、汽车保养剂、衣物柔软剂等而成为生活好帮手，如清除蔬菜水果中的农药、净化水流、防水管堵塞、清洁家具等。

38. 随意倾倒垃圾将面临怎样的处罚?

《城市生活垃圾管理办法》（建设部令第 157 号）规定：

随意倾倒、抛撒、堆放城市生活垃圾的，由直辖市、市、县人民政府建设（环境卫生）主管部门责令停止违法行为，限期改正，对单位处以 5 000 元以上 5 万元以下的罚款。个人有以上行为的，处以 200 元以下的罚款。

从事城市生活垃圾经营性清扫、收集、运输的企业在运输过程中沿途丢弃、遗撒生活垃圾的，由直辖市、市、县人民政府建设（环境卫生）主管部门责令停止违法行为，限期改正，处以 5 000 元以上 5 万元以下的罚款。

39. 公众如何参与生活垃圾的管理?

◆参与生活垃圾治理规划

《城市生活垃圾管理办法》规定：制定城市生活垃圾治理规划，应当广泛征求公众意见。

◆参与生活垃圾治理设施规划环境影响评价和项目环境影响评价

《环境影响评价法》对公众参与环境影响评价做出了明确规定，鼓励有关单位、专家和公众以适当方式参与环境影响评价，并要求在编制规划和建设项目环境影响评价文件时，应当举行论证会、听证会，或者采取其他形式，征求有关单位、专家和公众的意见，并将意见处理情况作为附件与环境影响评价文件一起报审。

◆对生活垃圾的处理和使用等行使监督权

任何单位和个人发现违法处理和使用生活垃圾的行为，均有权向人民政府建设（环境卫生）主管部门、环境保护部门、城市管理行政主管部门或者城市管理综合执法机关等相关单位进行举报、投诉。

◆积极参与源头减量、垃圾分类、资源回收等活动

40. 公众如何参与生活垃圾处置设施建设？公众参与能够发挥怎样的作用？

公众主要通过生活垃圾处置设施的规划环评和项目环评来参与。公众参与的常见方式有信息发布、社会调查、公众听证会、讨论会。在生活垃圾处理设施选址、建设、运行等阶段，公众参与的主要内容是通过对建设项目的了解，向项目方或评价单位提供有关该项目影响的观点与意见，并在大纲及报告书审查期间进行磋商。

公众参与能提高公众的环境意识，增强项目的环境合理性和社会可接受性。环评中公众的参与，可以协助项目方和环评工作组更全面地确认环境资源潜在的或长期的影响，以弥补环评中可能存在的遗漏和疏忽，有助于确认环境保护措施的可行性。通过对有关项目信息的交流、反馈，客观上增加相互理解，避免可能的冲突。